目录

超级大胃王 蚕宝宝

轻轻用手摸一下丝绸，会发现它像牛奶一样细滑。这种轻盈、柔软的纺织品，居然有五六千年的历史呢！

丝绸是中国的特产，古时候，通过“丝绸之路”被带到世界很多国家，是响当当的“外交官”。

什么？这项伟大而古老的发明，幕后英雄竟然是白白胖胖的蚕宝宝！小小的昆虫，怎么会变成丝织品呢？就让我们一起揭开蚕宝宝的神秘面纱吧！

蚕宝宝出生啦！

“哇，这是在哪儿？”……

作为一只刚出生的蚕宝宝，我和几万个兄弟姐妹一样，格外紧张、好奇。我们趴在桑叶上四处张望着，叽叽喳喳地说个不停。

蚁蚕的由来

刚出生的蚕宝宝是黑褐色的，还长着一层绒毛。这些2毫米的小不点儿看上去像蚂蚁，所以取名“蚁蚕”。出生不到1小时，它们就能在娇嫩的桑叶上开吃啦！

图书在版编目(CIP)数据

丝绸 / 杨坤编著 ; 吴清艺 , 史纪鹏绘 . -- 北京 :
科学普及出版社 , 2022.6
（了不起的中国手艺）
ISBN 978-7-110-10442-2

Ⅰ . ①丝… Ⅱ . ①杨… ②吴… ③史… Ⅲ . ①丝绸－
文化－中国－儿童读物 Ⅳ . ① TS14-092

中国版本图书馆 CIP 数据核字 (2022) 第 083051 号

丛书策划：连淑霞
责任编辑：薛菲菲
责任校对：张晓莉
责任印制：李晓霖
版式设计：周伶俐
封面设计：周伶俐　吴清艺

出　　版：科学普及出版社
发　　行：中国科学技术出版社有限公司发行部
地　　址：北京市海淀区中关村南大街 16 号
邮　　编：100081
发行电话：010-62173865
网　　址：http://www.cspbooks.com.cn

开　　本：787mm × 1092mm　1/12
字　　数：40 千字
印　　张：3
版　　次：2022 年 6 月第 1 版
印　　次：2022 年 6 月第 1 次印刷
印　　刷：北京顶佳世纪印刷有限公司
书　　号：ISBN 978-7-110-10442-2/TS · 141
定　　价：58.00 元

丝 绸

顾　问　王文章

编　著　杨　坤

绘　吴清艺

史纪鹏

科学普及出版社

·北　京·

蚕宝宝的年龄是怎么计算的？

时间过得好快，才十几天的工夫，我们已经蜕过两次皮，长成了三龄期的蚕宝宝。

“主人回来啦！”几只眼尖的蚕宝宝抬着脑袋、伸着脖子，远远地看到主人进门了，兴奋地给大伙儿报信。

我们是活泼好动的“运动健将”，喜欢到处爬啊爬，经常饿得肚子咕咕叫。在温暖的蚕室里，我们像一个个嗷嗷待哺的“小婴儿”，等着主人来投喂桑叶，新鲜的桑叶上沾满了春天的气息。

蚕龄

蚕宝宝的一生分成五个阶段，也就是从一龄到五龄，每蜕一次皮便增长一个龄期。每个年龄段的蚕宝宝会有各自的特点。

蚕宝宝为什么要定期**打瞌睡**呢？

“哎呀，别挤啦！”随着身体一天天长大，几万只蚕宝宝挤在一起，感觉空气闷闷的。这几天我们集体犯困，往日的大胃王好像得了厌食症，对桑叶提不起一点儿兴趣。

不仅如此，我们全身懒洋洋的，常常趴在桑叶上“呼呼”地打瞌睡。看样子，我们又要开启新一轮的休眠啦！

蚕眠

从蚕宝宝出生到吐丝结茧，一共要蜕四次皮。每次蜕皮时抬头挺胸，不吃、不喝、不动，就像睡着了似的。也许，蚕眠就是在积蓄力量吧！

贪吃的大胃王！

“蚕宝宝，吃饭咯！”主人把我们照顾得无微不至，看得出来，他对我们倾注了满满的爱。新鲜的桑叶是我们的最爱，嚼起来甜滋滋的，可好吃了。

“沙沙沙……”

“沙沙沙……”蚕室里怎么下起了小雨啊？才不是呢，那是我们大口吃桑叶的声音。最近我们蜕了一次皮，换了一身新衣裳，已经四龄期啦！感觉食欲更加旺盛，像一条“贪吃蛇”。

养蚕小贴士

蚕有一点儿洁癖，养蚕的房间、食物都特别讲究。养蚕人很辛苦，要花大把的时间在桑田劳动，喂蚕时要把叶子上的水珠、灰尘擦干净，防止这些“小宝宝”娇嫩的肠胃生病。

走进蚕宝宝的老年生活

前两天，我们又蜕了一次皮，意味着又长大了一龄期。

五龄期的蚕宝宝食欲大得惊人，身高也噌噌地长，看，已经跟人的中指差不多长了。

时间一天天过去，五龄期末的蚕宝宝步入了老年期。“沙沙沙”的“雨声”越来越小，一点儿胃口也没有了，身体懒洋洋的，一点儿都不想动弹了。

“呀，我要吐丝了！”突然，在蚕宝宝群中发出了喊叫声。

熟蚕

蚕宝宝长到五龄期末期，便对桑叶失去了兴趣。不吃不喝也就罢了，还不断排出粪便，体长也开始缩短，排出绿色的粪便后，身体变得半透明。这个阶段，就是成熟的蚕宝宝了。

蚕宝宝们在寻找什么？

我们情不自禁地不安起来，小脑袋像拨浪鼓似地摆动着，东张西望。

主人绝对是个养蚕高手，他第一时间就发现了我们身体的变化，更懂得我们在寻找什么。

“小宝宝们，乖乖吐丝吧！”主人在蚕床上铺了一层枝丫，还有一些小格子间。

“就这儿啦！”我终于找到一个满意的格子间，宽敞舒适，就在这里结茧安家，建一座白色小房子吧！

结茧

蚕茧，其实就是蚕宝宝为将来变成蚕蛹，修建的一个安全舒适的小房子。蚕茧像个椭圆形的纺锤，表面上是毛茸茸的蚕丝，晃一下会“当啷当啷”地响，里面住着的就是蚕蛹。

蚕宝宝的白房子是怎样建成的？

我先随便吐了一些凌乱的丝，算是搭一个支架。看上去像不像蜘蛛网？

打好地基之后，就可以开始建造美好的家园啦。我一边"噗噗噗"地吐丝，一边挪动着身体，渐渐地，房间的墙壁越来越厚。为了让卧室更宜居，我竭尽全力地吐丝，铺了一层又一层松散柔软的茧丝。忙活了两天两夜，新房子终于建好了，我也可以美美地睡一觉啦！

在这座新房子里安家后，大概再过四天，我就会从幼稚的蚕宝宝变成一只成熟稳重的蚕蛹啦！

蚕宝宝的价值

蚕的一生很短暂，然而，这么微不足道的小生命，吃进去的是桑叶，吐出来的却是一缕缕蚕丝，难怪会有"春蚕到死丝方尽，蜡炬成灰泪始干"的感人诗句。

丝绸是怎么做出来的

蚕丝，是蚕宝宝的杰作，是它们大口大口咀嚼桑叶后，通过自身的“小宇宙”释放出的“超级能量”。这些纤细的蚕丝，经过人们的巧妙加工后，能变成美美的服饰或“艺术品”。这可真是一份神奇的礼物啊！

那么，蚕丝是怎么变成丝绸的呢？蚕宝宝吐丝之后究竟去了哪里？带着这些疑问，我们先从蚕宝宝编织的小房子说起吧。

蚕宝宝为什么要建小房子？

蚕宝宝是实干家，直到吐完最后一口丝，才会对自己建造的小房子点头满意。

既然那么辛苦，它们为什么非要建这样一间“密室”呢？

我们知道，蚕宝宝的幼虫过着无拘无束的生活。但是随着年龄变大，它们需要一个安稳的小家。所以，一旦蚕宝宝在小房子里变成蚕蛹，它们要花大概半个月的时间闭关修炼，时机一成熟，就会变成蚕蛾破茧而出。当然，养蚕人很有经验，会在它们“逃跑”前及时剥茧、抽丝。

蚕宝宝浑身是宝

小小蚕宝宝，全身都是宝：蚕丝，是丝绸的主要原料；蚕蛹，是一种高蛋白食物，可以炒着吃；蚕砂，也就是蚕宝宝的粪便，竟然可以填充枕头，有健脑明目的功效呢！

怎样打开蚕茧这个“小盲盒”？

蚕茧是蚕宝宝设计的完美艺术品，你用尽浑身力气都很难捏碎它。

林子里，小鸟被一颗蚕茧折腾得束手无策。它用尖尖的嘴去啄，用爪子撕扯，都无法打开这个“小盲盒”，最后只好失望地离开了。

既然如此坚不可摧，怎么用它制作丝绸呢？别担心，人们找到了“开盲盒”的妙招——缫丝。

缫丝

古人发现，蚕茧是个“吃软不吃硬”的家伙，把它们泡在热水里煮一会儿，外面的“盔甲”就会慢慢变软散开，然后就可以抽丝了。这就是古人发明的缫丝工艺。

你知道怎样剥掉蚕茧的外衣吗？

蚕宝宝吐丝结茧时，在最外面裹了一层横七竖八凌乱的蚕丝，这层毛茸茸的外壳就像一件外套，因此取名为“茧衣”。

为了固定蚕茧，蚕宝宝在茧衣里加入了一种特殊的丝胶，怎么扯都扯不开。但是再坚固的城墙也有弱点，人们把蚕茧泡进水里，那些口渴的、干松的乱丝就开始“咕咚咕咚”喝起水来。等它们喝到肚子胀鼓鼓的时候，轻轻在盆里搅动，茧衣就像棉花糖一样被剥了下来。

抽丝剥茧

我们常常会用成语“抽丝剥茧”来形容分析事物时非常细致，而且一步一步很有层次。就像打开蚕宝宝的蚕茧，一层一层地解锁抽蚕丝。

热腾腾地煮“汤圆”

没有了茧衣的遮挡，蚕茧完全被暴露出来。人们把那些不能缫丝的蚕茧挑选出来，从而保障丝绸的质量。

达标的蚕茧被放入热水中煮了起来，“咕噜咕噜”欢快地翻腾着。渐渐地，蚕宝宝特意添加到蚕丝中的丝胶开始溶解了。

煮茧

煮茧是制丝过程中非常重要的一个环节，对水温的要求格外严格，过低或过高都会影响蚕丝的质量。“喝饱了”热水的蚕茧浮在水面上，像个膨胀的“大汤圆”。

一个蚕茧能抽出多少米蚕丝？

经过煮茧环节的浸泡后，蚕宝宝牢固的小房子彻底“泡汤”了，洁白柔软的丝絮中，黑褐色的蚕蛹沉沉地睡着，轻轻一剥就出来啦！

一米、两米、三米、四米……不停地从蚕茧上抽啊抽啊，能源源不断地抽出蚕丝，简直就是个无底小宝藏！

千米蚕丝

一个小小的蚕茧竟然可以抽出一千多米长的蚕丝！如果让4万只蚕宝宝的蚕丝手拉手，可以绕地球赤道一周呢！

蚕丝的摇摆舞

蚕丝超级细，大概相当于头发丝的1/20，眼神儿不好可能都看不到。单根蚕丝是很脆弱的，只有把多根合并起来才有韧劲儿！

“唧唧唧唧……”纵横交织的蚕丝在织机上跳着舞，左跳跳、右摆摆，织成了大块大块的“1.0版”的原生态丝绸。

精炼、染色、印花工艺

要想变成升级版的丝绸，还有好多工艺呢！先去掉里面的杂色，精炼成白纸一样；然后，在洁白的丝绸上，印染上颜色；不过，还是有点单调了，通过印花工艺印上喜欢的花纹图案。看，这才是一块儿美美的丝绸！

嫘祖养蚕缫丝的传说

传说，嫘祖是黄帝轩辕氏的元妃。

一天，侍女从桑树上摘来很多毛茸茸的白色小果，以为那是桑树的果实。可是，她们使出浑身解数，都没能打开这些果子。

后来，她们试着放进热水里煮，结果奇迹出现啦！侍女拿着木棍搅着搅着，发现上面裹满了白丝线。嫘祖喜出望外，兴奋地说：虽然不能吃，但这些丝线可以织布做衣服呀！

从那以后，嫘祖就带领着大家开始栽桑养蚕缫丝做衣啦！

丝绸简史

嫘祖养蚕虽然只是个美丽的传说，还不能充分证明栽桑养蚕织绸起源于此，但是，中国古人早在五六千年以前就能利用蚕丝织造丝绸了，这项技艺实在令人惊叹！

不可思议的丝绸文化

鲜美的桑叶大餐，让胖嘟嘟的蚕宝宝满意地打着饱嗝。多亏了它们不辞劳苦地结茧吐丝，人们才能织出华丽的丝绸。你知道丝绸都有哪些妙用吗？

“做衣服！”“做丝巾！”

除了这些，还有好多好多用处呢！丝绸就像个万花筒，会给你带来意想不到的惊喜。

为什么过去普通百姓穿不起丝绸？

炎炎夏日，如果能穿上一身丝绸做的衣服，一定特别凉爽、飘逸。

然而，在中国古代，丝绸对于老百姓来说，是遥不可及的奢侈品，只有达官贵人才能穿得起呢。别看自古人们就种桑养蚕，但是加工成丝绸后就很贵重了，普通老百姓哪儿舍得自己穿，于是，就只能穿自家织的粗布衣裳了。这会不会就是“布衣”的来源呢？

“锦衣”与“布衣”

锦衣，从字面上就能猜出来，是指绚丽多彩的衣服；布衣，是古代平民用麻做的普通衣服。诸葛亮在《出师表》中写道：“臣本布衣，躬耕于南阳”，这里用布衣，代指平民百姓。

穿衣打扮里的等级观

中国人对穿衣打扮很讲究。人们把生活习俗、思想观念融入服饰中，便形成了不同时期特有的服饰文化。

在古代，丝绸服饰成了划分尊卑等级的标志，帝王用它来彰显自己的权威，文武百官用它来区分官位等级。在一些明清历史剧中，你应该见过官员穿的“补服”吧？小小一件衣服，充分体现了封建等级制度。

官员的“补服”

明清时期的“官服”，在前胸和后背上都缝制了一块用金线和彩丝绣成的补子，所以取名“补服”。不同等级的官员，补子的图案不同。小朋友们以后再看明清历史剧时，记得观察一下不同哦！

你知道有哪些丝绸民俗文化吗？

讲到这儿，你是不是已经感受到，丝绸不单单是防风御寒这么简单的事儿。

中国是丝绸的故乡，在五六千年的历史长河中，流淌着丰富有趣的蚕神故事、民间传说、谚语歌谣，给薄如蝉翼的丝绸，贴上了丰富的文化标签。

清朝康熙皇帝重视桑蚕事业，鼓励人们养蚕缫丝；乾隆皇帝也不例外，让皇室后妃举办“亲蚕礼”，到先蚕坛祭祀，皇后会亲自剥茧缫丝。

北海公园的“先蚕坛”

去北海公园时，你有没有留意湖边有座“先蚕坛”？这是乾隆皇帝为皇室后妃修建的，用来祭祀蚕神西陵氏嫘祖，并举行“亲蚕礼”。下次去北海公园，记得感受一下古人祭祀蚕神的神圣场景吧。

丝绸也能当钱花？

如今，我们用手机一扫码，动动手指，就能买到各种想要的东西。古人就没这么便利了，出门购物时，钱袋里装着金银、铜钱，一不留神儿，还会被偷呢。

古代的货币五花八门。也许你还不知道，丝绸在很长一段时间内，担负着“货币”的重任。比如，朝廷给官员们发工资、皇帝赏赐王公大臣，都可以用丝绸来充当货币。

假如穿越回古代，抱着丝绸去集市购物，是不是很好玩呀？

认识一下“币”字

我们对“币”字一点儿也不陌生，买东西谁也离不了它。那你知道它的本义吗？在《说文解字》中，“币”的本义是用来送礼的丝绸。由此，也能看出丝绸的金贵了吧！

你知道丝绸上还能画画吗？

画画、写字，不是应该在纸上吗？居然还可以在丝绸上画画？

是的，古人在绢、帛等丝织品上作画的历史，要比在纸上久得多呢！画在这类材料上的画，人们称之为绢画。北宋画家张择端的名画《清明上河图》，就是一幅五米多长的绢画。有机会去北京故宫博物院，记得去欣赏一下吧。

怎样在柔软的丝绸上画画？

古人很聪明，先在布料上刷一层胶和矾，这样，光滑的丝绸就能吸附颜料了。晾干后，把画布铺在画好的纸样上，先描绘轮廓，再一点一点地涂上满意的颜色。

有故事的汉字

开动脑筋想一想，你能写出哪些与丝绸有关的汉字呢？

“绢”“绣”“绸”“绫”，没错儿！除了这些表示丝绸品种的汉字外，含有“纟”旁的“红”“绿”“绯”是不是可以代表丝绸的颜色呀？

想一想：人们常说的“经纬”，也有“纟”旁，它们与丝绸有关系吗？关系可大了！古人纺织时，用“经”表示织布机上的经线，用“纬”表示纬线，经纬线有规律地交织在一起，就能织出布啦！

“作茧自缚”的含义

透过成语的字面意思，你联想到了什么？对，蚕宝宝吐丝成茧，把自己裹在了小房子里。通常，我们会用“作茧自缚”来形容做了一件事，结果反而使自己受困。

藏在古诗里的丝绸文化

丝绸的出现，让汉字王国更加丰富、壮大。

诗人是玩转文字的高手，他们能巧妙地把孤零零的汉字组织起来。早在《诗经》中，就有“氓之蚩蚩，抱布贸丝”的诗句，意思是说，那个老实忠厚的人，抱着布匹来换丝。

种桑养蚕缫丝，是古人生活的重要部分，在诗人笔下，都变成了一首首美妙的诗。

“捣衣”入诗

“捣衣”，意思是把织好的织物铺在砧板上，用木板敲平，便于裁剪成衣物。“诗仙”李白写道：“长安一片月，万户捣衣声。”你看，千家万户的妇人们正在秋夜里捣衣，思念征战远方的亲人。

三分钟读懂“丝绸之路”

现在，我们坐上汽车、高铁、飞机，可以随心所欲地环游世界。古人就没这么容易了，只能依靠步行、骑马、马车等缓慢的方式出行。

在通信和交通极不发达的中国古代，出现了这样一条路，它就像一个窗口，连通了中国和世界。想必你已经猜出来了吧？它就是“丝绸之路”。

为什么叫“丝绸之路”呢？

我们知道，丝绸就像黄金白银一样珍贵。尤其是到了西汉时期，种桑养蚕纺织非常发达，中国特有的丝绸，成了西方人眼中的宝贝。

各国的商人、使者沿着这条路，给我们运来了他们的特产，同时把中国的丝绸带出国门。久而久之，这条连通东西方的大道，就有了一个伟大的名字——“丝绸之路”。

错综复杂的“丝路”

就像丝绸的经线和纬线，“丝绸之路”把中国与遥远的欧洲、非洲连接起来。广义上说，“丝绸之路”分为“陆上丝绸之路”和“海上丝绸之路”；狭义上的“丝绸之路”，就是我们通常所说的“陆上丝绸之路”。

"丝绸之路"只运丝绸吗？

“丝绸之路”，顾名思义，就是专门运输丝绸的吧？那你就实在太小瞧它了。

除了精美的丝绸，中国的瓷器、茶叶等特产，也是通过它运出去的。“丝绸之路”也给古代中国带来了新奇的水果蔬菜，比如，葡萄、核桃、胡萝卜、菠菜、黄瓜、胡椒，等等。多亏了“丝绸之路”，让中国古人的餐桌丰盛起来。

身兼数职的“丝路”

“丝绸之路”扮演着多重角色，它不仅仅是运输商品，更是一条文化交流之路。为什么这么说呢？比如，“丝绸之路”把中国的“四大发明”传播出去，同时也把西方的数学、天文学、医学等引入中国。

“丝绸之路”的名字是谁取的？

我们常说的“陆上丝绸之路”，距今已经有两千多年的历史，它的主干道大约形成于西汉时期。那么这样推测一下，“丝绸之路”这个名字，难道是西汉人取的吗？

事实上并不是。这个既好听又被世界认可的名字，竟然是被一位德国地理学家提出来的，他就是李希霍芬。

关于“李希霍芬”

“丝绸之路”的命名者，既是一位地理学家，也是一位冒险家，曾多次来中国考察。他对种桑养蚕、丝织刺绣情有独钟。20世纪初，他在《中国》一书中，正式提出了“丝绸之路”的说法。

用多少天才能走完“丝绸之路”？

“丝绸之路”绵延数千千米，从长安（今天的西安）或洛阳出发，抵达古罗马。

在这条热闹非凡的道路上，赶着骆驼的商队来来往往。一支商队通常由5~12匹骆驼组成，缓慢地行走在漫长的“丝绸之路”上。如果不碰到战乱或其他情况，往返一趟“丝绸之路”，需要400天左右呢！

“丝路”驿站

“丝绸之路”沿途的自然环境大都很恶劣，戈壁、沙漠、雪山，给商队带来很多不便。这么远的距离，怎么办呢？每隔一定距离，就会设置驿站，提供补给，让商队得以短暂休整。

古人怎样“打通”了这条通道？

匈奴是北方强大的少数民族，经常来中原闹事。汉武帝可不是好惹的，他派张骞出使西域，联合大月氏一起对抗匈奴。

谁知，张骞进入河西走廊不久，就被匈奴抓住了。十年后好不容易逃了出去，结果大月氏过得很安逸，不想再打仗了。张骞返回长安时又被匈奴抓住，好在一年后成功逃回长安。

自此，张骞成了一个“西域通”，对西域的特产、习俗、交通路线了如指掌。就这样，打通了这条横贯东西的通道——“丝绸之路”。

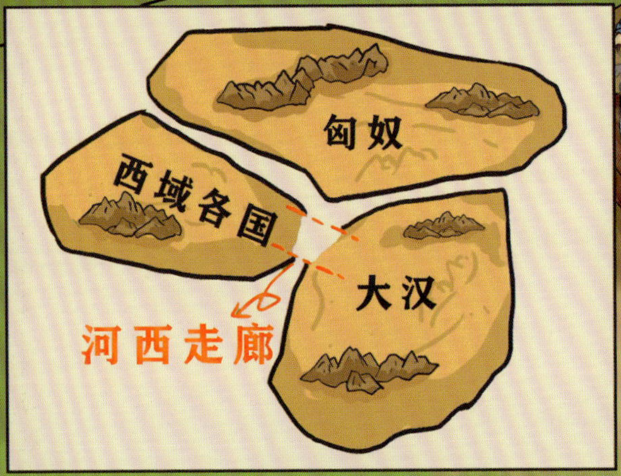

河西走廊

在甘肃省有一段大约1200千米长的狭长的平原，南北是崇山峻岭，东侧是黄河，看上去像一条走廊，所以被称为“河西走廊”。在古代，它是中原通往西域的要道，是“丝绸之路”的咽喉要道。

“打卡”敦煌

假期里，你跟爸爸妈妈一起去敦煌旅行了吗？

向你推荐几个不容错过的“打卡”圣地吧！例如又叫“千佛洞”的莫高窟，“会奏乐”的鸣沙山，镶嵌在金色沙漠中的月牙泉，还有色彩绚丽的七彩丹霞。我敢打包票，这些风景一定会让你流连忘返的。

“丝路明珠”敦煌

敦煌在“丝绸之路”上扮演着什么角色呢？说它是“丝路明珠”，一点儿也不过分，它是西出阳关、玉门关的门户。“敦，大也；煌，盛也”，代表着盛大辉煌的意思。

古诗里的“丝绸之路”

你能背诵出哪些与“丝绸之路”相关的古诗呢？

王维的名句“劝君更尽一杯酒，西出阳关无故人”，让“阳关”家喻户晓。王之涣的“羌笛何须怨杨柳，春风不度玉门关”，又让人们对“玉门关”心驰神往。

这些流传千古的诗句，虽然没有声音和画面，但能让我们插上想象的翅膀，仿佛看到茫茫沙海中昔日繁华的敦煌，雄壮的阳关、玉门关，还有清脆的驼铃声“叮叮当当”地划过……

绘制“丝路”地图

到目前为止，我们已经了解了好多“丝绸之路”上的地名，像长安、敦煌、阳关、玉门关……快拿出画笔画一幅“丝路”地图，一起漫游吧！

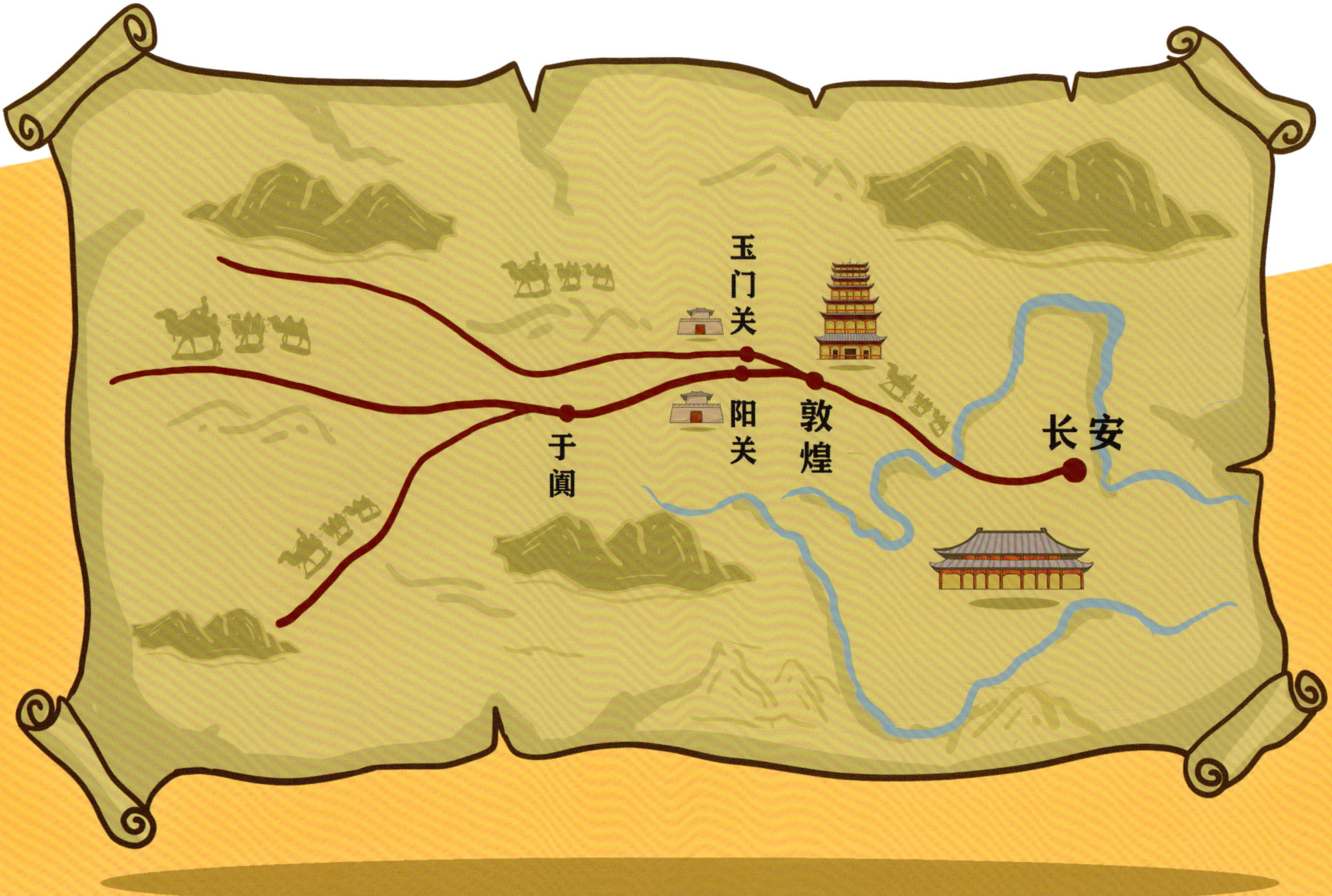